办公桌边儿上的治愈系水族瓶

职业水空间设计师 [日] 千田义洋 主编　谷雨 译

U0274003

光明日报出版社

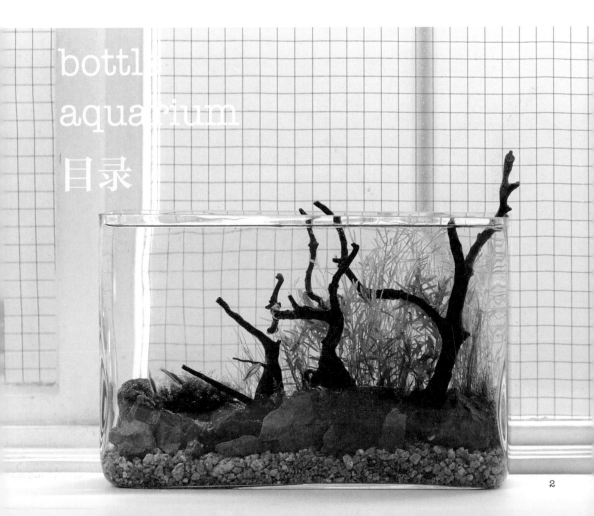

bottle
aquarium
目录

序言

💧 水族瓶 ~近距离感受水~

即便相隔甚远，但只要感受到水的气息，五感会在瞬间被调动起来。

我与水的不解之缘，始于5岁那年第一次养鱼的时候，后来在15岁开始认真地研究鱼缸。现在，我以设计、保养水槽为职，可以说从未停止过与鱼缸为伴的生活。

鱼缸丰富了我的生活，我想让大家也能切身感受到它的魅力，于是我写了这本详细介绍水族瓶的书。

💧 创造鱼游的舞台 ~从失败中得出的经验最为重要~

鱼缸可以表现一个人的精神世界。如果你肯花时间去研究水草和鱼等，一定能获益匪浅。

当然最初的你或许会失败，水草渐渐枯萎、鱼莫名死掉……

但是没关系，在你不断重复努力的时候，你的想象力、创造力、对时间和空间的认知、责任感、成就感等都在不断增强，而它们也必将对你的未来有所帮助。

💧 水族瓶的推荐 ~被充满生命活力的水所治愈~

我想，每个人都希望自己在不断接触自然的同时，能丰富自己的心灵。因为多年研究鱼缸，所以我才能凭借经验自信地断言，制作水族瓶的重点是打造一个彼此都能心情愉悦的共存环境。培养鱼缸，不必纠结清洁问题是否麻烦，也不必抱着消极的态度去看待它，而是以一种愉悦的心情去对待。这样，鱼缸才能真正丰富你的生活。

我衷心祝愿，每一位购买本书的人，都能在与富有生命力的水共同生活时，迎来身心的美丽改变。

千田义洋

bottle aquarium

Part. 1

开始制作
水族瓶之前

在开始与水族瓶共度美好生活之前，我们
需要了解什么是水族瓶，以及制作它的必
备物品与做法等。

在小小的瓶子里做出微型的自然吧

第一课首先要懂得，水族
瓶究竟是什么。
用瓶子做出来的鱼缸，
是由水、鱼、水草、
底土构成的。

所谓造景鱼缸，就是指用水槽打造出来的水世界，而"水族瓶"顾名思义，就是不用水槽，而是用各种各样的玻璃容器制作而成的小型鱼缸。形状多变的瓶子因其小小的容量，能带给人与大水槽迥然不同的乐趣。虽然瓶子容量小，但与普通鱼缸一样，它的世界构成也包括水、水草、底土。再加入生命力充沛的鱼，甚至还可以将富有艺术感的石头放入其中。

Lesson

 水

对水草和鱼来说，水是不可缺少的存在。如果使用自来水，请先将里面的漂白粉去除干净。一周换两次水即可。

 鱼

即使水族瓶的主角是水草，但鱼的加入绝不会让你后悔。因为它呼出的二氧化碳能被水草吸收，而水草产生的氧气也能被鱼吸收。二者相生，缺一不可。

 水草

水草的形状和颜色各不相同，彼此的特性和性质也因种类而异。但与草花或观叶植物相比，它不仅不用浇水，日常打理起来也是乐趣十足。

 底土

种植水草，用土壤制作的底土必不可少。它有砂砾、沙子、土壤等多种。使用砂砾或沙子前一定要先将其清洗干净，若使用土壤则可以免去这一步骤。

开始制作
水族瓶前，
我们需要准备些什么？

制作、保养水族瓶，一些道具必不可少。而可以充分利用身边的小工具，也是水族瓶的魅力之一。

Part. 1　开始制作水族瓶之前

item
01　瓶子

代替水槽使用的瓶子（玻璃容器等）可根据自己的喜好随意选择。想同时养鱼，建议选择容量为一升左右的容器，不想加鱼则小一点也没关系。水族瓶的乐趣由挑选瓶子开始。

item
02　网

这种热带鱼用的鱼网，可以在将鱼放入瓶中时，或清洁鱼缸需要将鱼转移到其他容器时使用。

item
03　水桶

不仅可以盛更换用的水，还能利用虹吸管原理将水导入玻璃瓶中。没有水桶也可以用大的宠物碗代替。

item
04　软管

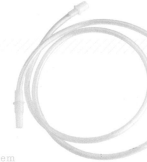

利用虹吸管原理换水时需要用到软管。用软管换水，可以保持玻璃瓶里的布局造型不被破坏。

item
07　剪刀

剪刀可以在布置鱼缸时调整水草的长度，或水草长长后进行修剪。可以使用日常用的普通剪刀，但推荐使用鱼缸专用剪刀。

item
05　喷雾器

布置水草和石头时，可以用喷雾器向土壤等喷水，以此加固底土。也可以在布置鱼缸格局时防止水草干燥。

item
06　镊子

种植水草时，可用镊子夹住它的根部插入底土中。因为用手或筷子无法很好地抓紧水草根部，不能使其深深植入底土中，所以并不推荐使用。

item
08　三聚氰胺海绵

清洁用的三聚氰胺海绵能轻松擦净瓶子内侧生长的苔藓。有了它，保养清洁做起来更方便。

item
09　棉布

将棉布放入瓶中，这样往瓶中加水时，它就是非常棒的缓冲材料。没有它，直接向里加水时，水压会把好不容易放置好的格局通通冲坏。

item
10　中和剂

使用自来水养殖水草时，需要先用中和剂把自来水里的漂白剂去除干净。而且，即使没有提前准备好水，只要有中和剂，在玻璃瓶里换水也可以。

item
11　园艺用土铲

园艺用土铲可以很方便地将砂砾或土壤等放入玻璃瓶中。如果没有园艺用土铲，用普通的小铲子或纸卷代替也可以。

item
12　汤匙

虽然也可以用汤匙将土壤放进玻璃瓶里，但我一般只用它来微调底土的土量。进行极其细小的微量调整时，还可以用汤匙的把手部代替刮刀。

item
13　软毛笔

软毛笔可以扫掉水草上沾着的底土，还可以清理玻璃瓶内侧的污渍。为了尽可能不破坏已布置好的格局，软毛笔是最合适的清洁工具。

水草的基本
介绍

水族瓶的主角非水草莫属。
水草的种类不同，形态也多样，与陆地
植物的习性也大不相同。
这里我将教给大家关于培养水草最基本
的知识。

Lesson

3

 水草的种类

水草根据外形分为很多种类。
茎长且叶子长在茎上的有茎型，或叶
子从根部发散生长的莲座叶丛型，还
有长得像苔藓或蕨类的水草。大部分
的水草都是世界各地的热带植物，但
也有温带和日本产的种类。

水草的栽培方法

水草的生长必须要有营养、
光、二氧化碳3种物质。需要强光的
水草必须搭配明亮的照明装置，而需
要大量二氧化碳的水草则需要搭配二
氧化碳添加装置。本书中介绍的水草
大多是生命力比较顽强的品种，一般
只要放在房屋较明亮的地方即可。一
周换两次左右的水，一个月施一次液
体肥，它们就能十分健康地生长。

鱼的
基本介绍

Lesson

4

鱼的种类不同，习性和养育方法也不同。

这里我将为大家介绍哪些鱼适合养在水族瓶中，以及养鱼时需要注意哪些问题。

 鱼的种类

饲养鱼多以霓虹脂鲤、花鳉、青鳉等热带、亚热带淡水鱼（居住在河流、湖泊、沼泽、池塘里的鱼）为主。当然绿河豚等居住在淡水和海水交界的河口附近的汽水鱼、或居住在海里的海水鱼等也可以饲养。但小小的水族瓶更适合饲养青鳉、花鳉等小型淡水鱼。

养鱼的方法

打造适合鱼类生活的环境，就需要为它们提供干净的水以及鱼食，鱼才能健康地活下来。鱼之所以会死，大部分原因是水质恶劣，所以管理水质尤为重要。一周换两次水并不是将玻璃瓶里的水全部换掉，而是换一半即可。更换用的水要提前去除里面的漂白粉，并将其与玻璃瓶中的水保持温度一致，这两点缺一不可。另外，两天喂一次食足以，过多的鱼食会污染水质，反而让鱼的生活环境变得糟糕。

水族瓶的做法就是这么简单

1 先设计好鱼缸的大体布局

2 加水

先设计好鱼缸的大体布局。铺好底土，放置石头等物体时要注意保持它们的平衡。需要放置很多配件时先从大的开始放起，这样才能打造平衡美观的布局。

设计好鱼缸的基础布局后，向玻璃瓶内加三分之二左右的水。使用砂砾、沙子等做底土时，需要在此步骤之前将它们清洗干净。另外，向里加水时要小心，以免破坏了精心布置的格局。

由于水草要种在底土上，所以底土至少铺3~5cm厚。最后使用汤匙等调整底土量。

为了种植水草，这一步我们将向玻璃瓶中加水。为了不破坏基础布局，我们可以用手指阻挡以缓冲水流，使其慢慢流入瓶中。

水族瓶制作方法非常简单，
基础做法由下述4步构成。
先来看一下吧。

3 深深地植入水草

向盛水的玻璃瓶中倒入中和剂，然后种植水草。推荐由瓶子内侧向身前一侧种植。剪掉水草高于玻璃瓶的部分，再用镊子将其深深地插入底土即可。

用镊子夹住水草的根部，插入底土3~5cm即可。之后轻轻松开镊子防止不小心拔出水草。

4 种植水草直到身前一侧

完成！

一边从前面观察水草的种植密度，一边将其全部种完，再加入足量的水即可。将高的水草种在深处，而矮的水草种在前面，高低有错，增加作品的层次感。

前面的水草可种植较矮的品种。为了能让鱼缸看起来更有立体感，即使是同种水草，长度不同带来的感觉也大不相同。

自由自在的
空间设计

水族瓶的乐趣所在，就是能自由自在地
享受空间的布置。
由简单的水草，向石头、漂流木慢慢过
渡，鱼缸也会渐渐有自己的主题表现。

只用水草
即可

在玻璃瓶底部铺上底土，再种些水草，这
只是最简单的布局设计。在小小的玻璃瓶中，即
便只有一种水草，也能将其打造得美丽动人。将
这样一瓶小鱼缸当做插花摆在餐桌上也是个不错
的选择。接下来我将为刚学习制作水族瓶的你推
荐一些美丽的玻璃瓶。

鱼缸店销售各种各样的石头，虽然其貌不
扬，却是最能增添玻璃瓶内空间感的存在。颜色、
形状，甚至大小都各有不同，可以尽情选择最合
自己心意的来装点在底土上。只要再在周围种上
水草，好像能将真实的水世界握在手中一样。

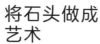

将石头做成
艺术

漂流木的
搭配

漂流木是水族瓶里必不可少的存在，添加
了漂流木的作品无一不给人以深远立体感。另
外，被水草和苔藓缠绕的漂流木，那份自然的感
觉扑面而来。配合玻璃瓶的形状和大小，来选择
漂流木的数量、粗细及大小最重要。

Lesson 6

14

bottle aquarium

Part. 2

来制作
水族瓶吧

了解了制作水族瓶的基本方法之后，我们
就来实际操作一下吧！
从水族瓶到容器栽培，本书精选 20 种作
品进行介绍。

用5种水草打造瓶中
的小森林

用最适合球形玻璃瓶的5种水草制作而成，
如果玻璃瓶大一点，
还可以将多种水草混合搭配种植。
你不想做一个小型的森林吗？
这里将为你呈现意境悠远的世界。

欣赏富有动感的水草的乐趣吧！

2 绿狐尾藻

1 水蕨

3 矮珍珠

bottle layout

玻璃瓶大小：约20cmX25（h）cm

4 雪花草

5 浮叶小水兰

6 田园土

建议

田园土需要倾斜铺放，身前铺2cm厚，内侧铺5cm厚。

7 白色千层石

需要准备的东西

[水草]
水蕨
绿狐尾藻
矮珍珠
雪花草
浮叶小水兰
[底土]
田园土
[石头]
白色千层石

做法
请参考P.18~P.23。

需要种植多种水草时，选择与旁边的水草形状、颜色完全不同的最好，这样能使整体感觉错落有致，对比度强。另外，玻璃瓶内侧种植高的水草，身前一侧种植矮的水草能增添整体的深远立体感。

水蕨的生长速度非常快，一旦它遮挡了其他水草的光亮，就要及时修剪。

制作土台

01

将田园土铺在玻璃瓶底部，铺2~3cm厚即可。

02

将白色千层石摆在底土上，注意保持它的平衡，最好将其摆在中间。

03

固定好白色千层石的位置后，略微调整田园土的量。

小提示

注意要将田园土倾斜铺置，身前一侧铺2cm厚，里侧铺5cm厚。此时，田园土的分量已确定。

04

田园土的分量已确
定，像淘米一样反复清洗
田园土，直至水变透明。

05

向玻璃瓶中加水，加
至三分之二即可。将白色
千层石放在02中固定好
的位置。

小提示

田园土要如同03一
样，身前一侧铺2cm厚，内
侧铺5cm厚。可以一边倾斜
玻璃瓶一边调整。

06

接下来要种植水草，
所以这一步我们就该向瓶
中加入中和剂，提前清除
自来水中的漂白粉。

种植水草①

Part. 2　来制作水族瓶吧

01

对照玻璃瓶的高度，用剪刀将水蕨过长的部分剪掉。

小提示

将长有叶子的那一小节剪掉后，水草会在切口部重新长出根来。

02

将水蕨种在玻璃瓶的里面（白色千层石的后面）。种时要注意把握好水草的平衡。

03

将水蕨全部种好后，再将接下来要种的绿狐尾藻扎成一束。

04

将3~4束的绿狐尾藻
种在白色千层石的左边，
要注意水草的平衡。

05

绿狐尾藻种好后，将
矮珍珠种在靠近玻璃瓶正
面的位置。

06

这是矮珍珠种好的样
子，我们离成功不远了。

小提示

矮珍珠的根本来就是打
开的，所以只要轻轻地放进
去就可以了。

种植水草②

07

接下来种植雪花草，过长的部分用剪刀剪掉。需要注意的是，插入底土的部分也要剪掉多余的叶子。

08

将雪花草种在白色千层石的两侧，紧紧包住千层石。

09

最后将浮叶小水兰种在玻璃瓶的最前面即可。

小提示

前面种好浮叶小水兰后，再用剩余的小水兰填补其他水草之间的空隙。

10

继续加水加至玻璃瓶十分之九的位置。注意不要让水压破坏了水草布局。

小提示

为了不破坏水草布局，加水时可以用手指阻挡以缓冲水流。

11

最后滴入中和剂，进一步去除自来水中的漂白粉。

12

确认水草是否深深地种好，观察整体是否平衡，如果没有问题就制作完成啦！

完成！

以球藻为主角的
个性瓶子

选择瓶子也是布置水族瓶的乐趣所在。
这种分成两半的玻璃瓶可以分别种植一种球藻，
活用玻璃瓶的形状会带给你意想不到的效果。

需要准备的东西

[水草]
球藻
金鱼藻
三角莫丝
[土壤]
LAPLATA SAND
[鱼]
白青鳉

做法

1. 铺上LAPLATA SAND。
2. 将球藻摆在土上保持其平衡。
3. 将金鱼藻种在土里。
4. 将三角莫丝种在它们的间隙里。

要点

　不论是球藻还是金鱼藻，都是根部不明显的水草，因此在种植金鱼藻时要注意，记得要压住它不要使其浮起来。另外，为了使它们吸收养分，我们需要直接将液体肥溶在水里，而不是将固态肥撒在底土上。但要小心，一旦液体肥添加过多，会导致玻璃瓶内出现苔藓，还会导致水质发生变化。

1
金鱼藻

2
球藻

3
LAPLATA
SAND[*1]

4
三角莫丝

*1：ADA牌的一种底土。自然的白色能营造河底的氛围，对水质无影响。

bottle layout

瓶子大小：约20cm×13（h）cm

建议

将LAPLATA SAND
倾斜铺放，前低后高，
更能凸显立体感。

球藻才是主角！

简单的一种水草

用插花般美丽的
绿松尾做装饰

在宛如透明的水族瓶里，
只种入一种水草。
即便这样，它依然华丽。
大家可以根据自己的心情更换种植水
草，同样趣味十足。

需要准备的东西

[水草]

绿松尾

[底土]

白细沙

做法

1. 先将绿松尾放入瓶中。

2. 加瓶身三分之二高的水。

3. 向瓶内注入白细沙。

4. 倾斜瓶身使白细沙面倾斜。

5. 向瓶中加满水即可。

要点

　　若瓶口十分狭小，可以先
放入水草再加水，最后倒入底土，
等底土完全沉淀后再用镊子等进
行调整。因为绿松尾非常需要阳
光，所以要放在房间明亮的地
方。另外，绿松尾生长十分迅
速，要定期修剪才行。

bottle layout

瓶子大小：约5cm×5cm×19cm

1
绿松尾

2
白细沙

建议

用球藻或水蕴草代替
绿松尾也能做出十分美丽
的水族瓶。配合瓶高选择
水草才是关键。

清爽又清澈
的空间

不具深度的长方形玻璃容器的亮点，
就在于它左右延伸的宽广空间。
搭配漂流木能从视觉上提升整体的
高度。
这是一款气派的水族瓶。

需要准备的东西

[水草]

翡翠莫丝

锡兰柳叶红蝴蝶

小果草

美国凤尾藓

牛毛毡

[底土]

麦饭砂

LAPLATA SAND

[石头]

万天石

[物品]

漂流木

[鱼]

七彩白云山

做法

1. 将麦饭砂铺在底部。

2. 放置万天石。

3. 在万天石的旁边铺LAPLATA SAND。

4. 将翡翠莫丝种在石头缝中。

5. 向容器内加水。

6. 分别种植其他的水草。

要点

　　虽然可以在容器内侧种植锡兰柳叶红蝴蝶、小果
草、牛毛毡、美国凤尾藓，但这样就需要在比万天石更
里侧的位置铺LAPLATA SAND。小果草比普通水草更需
要二氧化碳，在培育的同时记得添加片状或液态二氧
化碳。

建议

在万天石前面铺麦饭
砂，后面铺LAPLATA
SAND。

建议

仔细观察整体平
衡，用镊子将翡翠莫丝
种在石头与石头之间。

立体感！
漂流木更添

6
七彩白云山

5
麦饭砂、
LAPLATA SAND

1
锡兰柳叶红蝴蝶、小果
草、牛毛毡

4
万天石

bottle layout

3
翡翠莫丝

2
美国凤尾藓

需要准备的东西

[水草]
迷你水榕
豹纹青叶
[底土]
Bottom sand
[物品]
漂流木
[鱼]
杨贵妃青鳉

做法

1. 将Bottom sand铺在瓶中。
2. 放置漂流木。
3. 向瓶中加水。
4. 种植豹纹青叶。
5. 种植迷你水榕。

要点

　　豹纹青叶与迷你水榕都是生命力十分顽强的水草，最适合初学者长期养育。虽然迷你水榕生长缓慢，但豹纹青叶生长迅速，所以仍然需要定期打理。由于豹纹青叶的叶子略带红色，所以与杨贵妃青鳉这类红色的鱼十分搭配。

1

迷你水榕、豹纹青叶

2

漂流木

② ④ ① ③

bottle layout

瓶子大小：约直径10cmX16（h）cm

3

bottom sand

4

杨贵妃青鳉

建议

使用园艺用土铲就能一边调整用量一边轻松向瓶中加土。

令人安宁的漂流木与水草

这款鱼缸搭配颜色温和的水草，
再用漂流木突出亮点，
用来装点你的餐桌再合适不过。

像吸管一样的漂流木

美丽的吊景

需要准备的东西

[水草]
三角莫丝
节节菜属植物
梵天花
[底土]
陶瓷土
[物品]
漂流木

做法

1. 将翡翠莫丝、节节菜属植物、梵天花缠在漂流木上。
2. 在瓶子的底部铺上陶瓷土。
3. 将1中的漂流木放入瓶中。
4. 向瓶中加水。

要点

为了能将莫丝缠在漂流木上，我们需要使用天蚕丝等一类的线，缠好莫丝后用线将其固定住。大部分在鱼缸店购买的漂流木已经被加工过了，但如果木头是自己捡来的，直接浸泡在水里会导致水变浑浊。因此，如果你选的漂流木需要长期浸泡在水里，需要先为它去一下涩[*2]。

1
三角莫丝

2
节节菜属植物、梵天花

3
漂流木

4
陶瓷土

建议

用天蚕丝等线将翡翠莫丝紧紧绑在漂流木上，就能使其长在漂流木上。

悬挂的瓶中水草与漂流木相映成趣

在悬挂的瓶子里，
水草与苔藓缠绕流木而生。
选择的瓶子不同，
对其具体装饰风格也会产生影响。

*2：观赏鱼缸用的木头如果未经加工直接浸泡在水里会导致水慢慢变成浑浊的褐色，因此需要提前将其去涩，再用药品进行杀毒。有些鱼缸店会提供此类服务，也可自行加工。具体步骤为先将漂流木煮沸、再向热水中加入小苏打或活性炭，浸泡一段时间（期间要换数次水）或用流水冲洗干净即可直接放入鱼缸中。如果不是立刻使用，就需继续泡在水里或完全晒干保存。

用小型玻璃瓶打造
青鳉的世界

桶装的玻璃容器最适合打造水草丛生、
白青鳉漫游的水下世界，
美丽得让你无法移开视线。

水加满满！

白青鳉也是

bottle layout

瓶子大小：约直径 12cmX18（h）cm

3
熔岩石

4
Dr. Soil*4

*4: kotobuki牌的一种底土。
号称能保持水质干净的超高性
能活性土。

5
白青鳉

1
小百叶、
侘草karen *3

2
苹果萍

*3: 侘草是由日本著名水族产品公司
ADA创造的一套种植水草概念。以水
边的自然风景为基本，以缩景成寸及
同时欣赏到水上草及水下草为理念。
以天然物料(官方秘密)制成球状，植
入各式可以水陆两栖的水草。而karen
就是其中的一种。

需要准备的东西

[水草]
小百叶
侘草karen
苹果萍
[底土]
Dr. Soil
[石头]
熔岩石
[鱼]
白青鳉

做法

1. 将Dr. Soil铺在瓶中。
2. 把熔岩石放在瓶子里，注意
   保持平衡。
3. 向瓶中加水。
4. 将侘草和小百叶种在里面。
5. 让苹果萍浮在水面。

要点

小百叶的生长速度很快，所以需要定期
修剪。而浮叶植物苹果萍不仅外形好看，也十
分容易栽培，所以非常推荐大家尝试一下。这
些水草能很好的遮挡青鳉的身影，可以为它们
营造最佳的居住环境。这款水族瓶适合放在温
差小且明亮的地方。

建议

如果容器较小，
很容易造成水中氧气不
足，请相应地减少青鳉
的数量。

小小瓶子中鲜艳的
红色水草

红宫廷的赤红沐浴在阳光中时尤为艳丽，
偶尔尝试一下绿色以外的颜色
也是个不错的选择。

需要准备的东西

[水草]

浮叶小水兰

红宫廷

翡翠莫丝

三角莫丝

[底土]

Dr. Soil

做法

1. 将Dr. Soil铺在瓶中。

2. 向瓶里加水。

3. 将浮叶小水兰种在里面。

4. 将红宫廷种在里面。

5. 将翡翠莫丝和三角莫丝种在
   里面。

要点

　　虽然红宫廷本身的养育并
不困难，但要想让它展现艳丽的
红色，充足的光、二氧化碳和铁
元素都是必不可少的。不仅要将
鱼缸放在明亮的地方，还要向里
面投放片剂或液态二氧化碳以及
含铁丰富的肥料。由于浮叶小水
兰是叶长较短的水草，所以最适
合搭配小小的水族瓶。

1

浮叶小水兰

2

红宫廷

3

翡翠莫丝、
三角莫丝

bottle layout

瓶子大小：约直径 8cm×13（h）cm

4

Dr. Soil

建议

在浮叶小水兰的
周围种植红宫廷，并且
保持二者的整体平衡是
这款鱼缸的重点。

酒瓶大草缸居然藏但但～

Part.2　来制作水族瓶吧

1 千羽百叶

2 迷你小榕

3 翡翠莫丝

建议

将Phantom black
倾斜铺制，瓶子前侧
4cm，内侧7cm。

bottle layout

瓶子大小：约14cm×14cm×21cm

4 龙王石

5 Phantom black*5

*5：SUDO牌的一种黑色底土。

6 黑青鳉

石头与水草的山水画世界

将大大小小的石头相互组合，
再在周围种上水草，
就能打造一个自然风景世界。
只要放置时保持石头的平衡，
再将水草种在石头缝中即可。

需要准备的东西

[水草]
千羽百叶
迷你小榕
翡翠莫丝
[物品]
龙王石
[底土]
Phantom black
[鱼]
黑青鳉

做法

1. 在瓶中铺Phantom black。
2. 将龙王石摆在瓶子里。
3. 向瓶中加水。
4. 在瓶中种植千羽百叶。
5. 在瓶中种植迷你小榕。
6. 在瓶中种植翡翠莫丝。

要点

如果瓶中的石头非常不起眼，
可以通过减少水草的量来突出。在
瓶子的内侧种植高的千羽百叶，前
面种植矮的迷你小榕，可以很好地
凸显龙王石。为了让整体感觉更雅
致，我推荐选择黑青鳉，请把它放
在温差小且明亮的地方养育。

用试管栽培的
3种水草

在3支试管里分别装入颜色形状各不同的水草。
不仅制作时间短，外观也充满魅力。
同时，在相同的环境下培养3种不同的水草，
观察它们不同的性质，宛如小型的趣味实验。

需要准备的东西

[水草]
金鱼藻
豹纹红蝴蝶
宽叶太阳草

[底土]
天然河砂砾
Crystal orange [*6]
田园土

做法

1. 在试管中铺天然河砂砾。
2. 向试管中加水。
3. 在试管中种植金鱼藻。
4. 用同样方法制作其他两个试管。

要点

　　将金鱼藻、豹纹红蝴蝶、宽叶太阳草3
种水草分别种入一个试管中，当然也可以用
带有红色的印度小圆叶代替豹纹红蝴蝶。

　　宽叶红太阳的栽培难度要高于其他两
种植物，所以底土一定要使用土壤，且要给
予充足的光和二氧化碳。

*6：SUDO牌的一种亮橙色底土。

搭配不同水草色彩

1
金鱼藻

2
豹纹红蝴蝶

3
宽叶太阳草

4
天然河砂砾

5
Crystal orange

bottle layout

6
田园土

建议

使用多种颜色的
土壤就能做出多彩的
作品。

为室内装饰添彩的
烧瓶鱼缸

在三角烧瓶中种植一种低、
两种高的3种水草，
制作独具个性的水族瓶，可作为室内装饰物。

1
虾柳

2
非洲艳柳

3
红花半边莲

4
天然河砂砾

需要准备的东西

[水草]
虾柳
非洲艳柳
红花半边莲
[底土]
天然河砂砾

做法

1. 将天然河砂砾铺在瓶中。
2. 向瓶中加水。
3. 在瓶中种植虾柳。
4. 在瓶中种植非洲艳柳。
5. 在瓶中种植红花半边莲。

bottle layout
瓶子大小：直径 12cmX19（h）cm

建议

为了能将水草牢
牢地种在底土里，长镊
子是必不可少的工具。

要点

像红花半边莲这样红色
系的水草一直以其艳丽的颜
色而大受欢迎。养殖难度略
高，所以它需要更多的光与
二氧化碳。它美如插花的外
形虽然让人赏心悦目，但想
长期养殖，就必须将其放在
明亮的地方，还要注意添加
片剂状的二氧化碳与含铁元
素丰富的液态水草肥料。

活用三角烧瓶的形状

搭配金鱼的日式空间

这款鱼缸是利用引人注目的
金鱼搭配两种浮萍做成的。
观赏它的最佳角度是正上方，
利用不同种类的砂砾打造宁静的背景。

1
金鱼藻

2
苹果萍

bottle layout

瓶子大小：约直径 22cm×13（h）cm

3
五色土、石块
（大·小）、
樱花大矶砂

4
金鱼

建议

从瓶子内侧向外侧，
按照石块（大）、樱花大
矶砂、石块（小）、五色
土的顺序铺制底土。

美丽的马口
铁金鱼杯

要点

需要准备的东西

[水草]
金鱼藻
苹果萍

[底土]
金鱼沙（五色土）
石块（大·小）
热带鱼、金鱼沙（樱花大矶砂）

[鱼]
金鱼

做法

1. 把4种底土铺在瓶中。
2. 向瓶中加水。
3. 将金鱼藻和苹果萍浮在水面。

金鱼藻和苹果萍都属于浮游植物，所以只要将它们放在水面即可。因为上方才是鱼缸的最佳观赏点，所以4种砂石也要摆好形状。金鱼非常适合搭配日式风格，金鱼本身鲜艳的红色与少量又质朴的水草最能取得视觉上的平衡。

充满自然气息的
小世界

自然石周围水草丛生，
要充分展现这种扑面而来的生命力，
石头的摆放位置与摆放形状最为重要。
水草的种类不同，种植的位置也可灵活改变。

我能把水草长得飞，
这真是生命力！

1
青蝴蝶

2
南美叉柱花

3
三裂天胡荽

bottle layout
瓶子大小：约 15cmX10cmX16cm

4
翡翠莫丝

5
龙王石

6
platinum soil *7
*7：JUN牌的一种底土。能维持水的酸碱性，保持水质。

要点

在瓶子的内侧多种植青蝴蝶，而石头与石头之间则种植南美叉柱花，瓶子最前面的左侧栽培三裂天胡荽，右侧养育翡翠莫丝。三裂天胡荽的生长速度很快，所以需要定期修剪。当然考虑到它快速生长的速度，将其种在其他位置也未尝不可。

建议

底土需要倾斜铺放，瓶子内侧7cm，前侧3cm。

需要准备的东西

[水草]
青蝴蝶
南美叉柱花
三裂天胡荽
翡翠莫丝
[石头]
龙王石
[底土]
platinum soil

做法

1. 将platinum soil铺在瓶中。
2. 放置龙王石。
3. 向瓶中加水。
4. 在瓶中种植青蝴蝶。
5. 在瓶中种植南美叉柱花、三裂天胡荽和翡翠莫丝。

建议

放好龙王石后用喷雾器喷少量的水以定型。

用木化石再现立体的自然

正如标题所示，已经变成化石的木化石，
它独特的颜色和形状最适合搭配充满活力的鱼缸布局。
虽然占据了瓶子中间到前面的空间，
但组合而成的木化石却能为
瓶子打造更广的空间立体感。

活用瓶子的高度

1

大莎草

2

泰国中柳、
铁皇冠带流木、中箦藻

4

红花半边莲

3

咖啡温蒂

5

木化石

bottle layout

瓶子大小：约直径 15cm×高 30 cm

需要准备的东西

[水草]
大莎草
泰国中柳
铁皇冠带流木
中箦藻
咖啡温蒂
红花半边莲
[石头]
木化石
[底土]
Platinum soil powder

做法

1. 将Platinum soil powder铺在瓶中。

2. 放置木化石。

3. 向瓶中加水。

4. 在瓶中种植大莎草。

5. 在瓶中种植其他的水草。

建议

将木化石如图
所示放置。

要点

在种植多种水草时，一定要注意把握水草的位置，
让它们彼此之间高低有序，才不会显得单调。叶子宽大
的水草要种在中间，高的水草种在瓶子里侧，低的水草
种在瓶子前侧，这样高低错落的搭配才好看。同时也要
注意定期修剪水草，不要让某一种水草长得太快，遮蔽
了其他水草的阳光。

自人造瓷器的水族瓶

文件箱形的特色水族瓶

利用办公用品——档案盒，
就能做成一款独一无二的水族瓶。
只要灵活运用物体的形状，
即使造型奇特，也能化腐朽为神奇。

需要准备的东西

[水草]
三角莫丝
[石头]
黄虎石
[物品]
漂流木
[底土]
LAPLATA SAND
麦饭砂

建议

推荐选择细一点的漂流木，这样更有立体感。

做法

1. 在瓶中铺LAPLATA SAND。
2. 再将麦饭砂铺在土上。
3. 放置黄虎石和漂流木。
4. 在盒内种植三角莫丝。
5. 向盒内加水。

要点

　　铺放两层不同的底土，能让底土更显眼。而漂流木伸出盒子的部分让整款水族瓶在视觉上更富有活力。由于养育的水草是三角莫丝，放在阴暗的地方也完全没问题。值得一提的是，三角莫丝与翡翠莫丝的不同之处在于，前者是向下延伸的，而后者则是势如破竹般向上生长。

1　三角莫丝

2　黄虎石

3　漂流木

bottle layout
盒子大小：约 15cm×6cm×16cm高

4　麦饭砂

5　LAPLATA SAND

水生与陆生植物的同台演出

水中的为水草，水上的为观叶植物。
一个瓶子养育两种截然不同的植物，
正是此款水族瓶的特别所在。
在粗大的圆筒形瓶子里，满满的水草才是亮点。

bottle layout
瓶子大小：约直径 18cmX20（高）cm

1
锡兰柳叶红蝴蝶、
印度小圆叶、青蝴蝶

2
金叶过路黄

3
针叶皇冠

6
日本珍珠草

5
迷你小水榕

4
雪花羽毛

需要准备的东西

[水草]
锡兰柳叶红蝴蝶
印度小圆叶
青蝴蝶
金叶过路黄
针叶皇冠
雪花羽毛
迷你小水榕
日本珍珠草
金边富贵竹
冰水花
三角莫丝
[石头]
龙王石
[物品]
漂流木
[底土]
Platinum soil super powder
[鱼]
德系黄尾礼服

做法

1. 将Platinum soil super powder
   铺在瓶中。
2. 放置龙王石。
3. 向瓶中加水。
4. 在瓶中种植锡兰柳叶红蝴蝶、
   印度小圆叶、青蝴蝶。
5. 在瓶中种植其他水草。
6. 将金边富贵竹、冰水花、三角
   莫丝缠在漂流木上做装饰。

要点

　　这款水族瓶的亮点在于大瓶子里
包含了诸多水草。按照内侧、中间、
前侧划分区域，再依据种类将高的种
在内侧，低的种在前侧。当瓶中塞满
了水草时，再放入像德系黄尾礼服一
样能彻底同化融入其中的鱼，才能达
到这款水族瓶的最佳效果。

水生与陆生植物
的同伍演出

搭配日式房间
也没问题

宛如铺了绿地毯的
日式庭院

浓绿鹿角苔和
龙王石细密纹理的绝妙搭配。
石头与水草交织的简约又典雅的世界，
沉稳安静的气息扑面而来。

1 鹿角苔

2 龙王石

bottle layout
瓶子大小：约直径 20cm×24（h）cm

3 LAPLATA SAND

4 金半线脂鲤

需要准备的东西

[水草]
鹿角苔
[石头]
龙王石
[底土]
LAPLATA SAND
[鱼]
金半线脂鲤

做法

1．将LAPLATA SAND铺在瓶中。
2．放置龙王石。
3．在瓶中种植鹿角苔。
4．向瓶中加水。

要点

　　鹿角苔是遍布世界的钱苔科水草，本来是漂浮在水面存活的，但在观赏鱼缸界，它多被布置在水底，宛如绿地毯一般的外观深受大家的喜爱。将它铺在水底时，需要添加二氧化碳保证其健康生长。如果同时养数条鱼，那么统一鱼的大小也很重要。

建议

放置龙王石后，在空的地方种上鹿角苔。

赏心悦目的日西结合
金鱼盆

放入可爱的金鱼，
立即就能夺走你的眼球。
望着在水蕴草和浮草之间自由穿梭的金鱼，
甚至能让你忘却时间的流逝。

建议

由于沙子铺得比较薄，所以种植水蕴草时要倾斜插入种植。

偷快地畅游着

需要准备的东西

[水草]
水蕴草
圆心萍
[底土]
五色沙
[鱼]
金鱼

做法

1. 将五色沙铺在瓶中。
2. 向瓶中加水。
3. 在瓶中种植水蕴草。
4. 在瓶中种植圆心萍。

要点

　　把宽口浅底的欧式玻璃盆当做日式的金
鱼盆。能将金鱼遮蔽得若隐若现，非圆心萍莫
属。除此之外再搭配水蕴草，更衬托出主角金
鱼的艳丽。水蕴草是原产自南美洲阿根廷的结
实水草，现在广泛生长于日本各地的河流、池
塘、湖泊等地。

bottle layout
玻璃大小　约宽度 20cmX12（h）cm

1
水蕴草

2
圆心萍

3
五色沙

4
金鱼

能映照苔藓表情的
栽培容器

在仿佛断竹般的容器里，
为突出短叶土杉而在斜面种植了苔藓。
这款水族瓶充分利用容器的形状，
让你能尽情欣赏苔藓的表情。

需要准备的东西

[苔藓、水草]

短叶土杉

三角莫丝

混合苔藓

[底土]

Platinum soil powder

[石头]

千景石

做法

做法请参考P.60~P.65。

要点

　　容器栽培是使用苔藓和草等陆生植物制作而成的，也可以说是人气盆栽的一种。虽然做法与普通水族瓶大同小异，但特别的是，这款不需要加水。而这里提到的混合苔藓则是指多种苔藓混在一起的东西，是容器栽培必不可少的。另外由于苔藓生长时并不十分需要阳光，所以在养育方面它也比水族瓶轻松不少，称得上是魅力所在。

1

短叶土杉

2

混合苔藓

3

三角莫丝

4

千景石

5

Platinum soil powder

建议

配合容器口的倾斜走势，Platinum soil 也同样倾斜铺制。

bottle layout
瓶子大小：约直径 14cm×21（h）cm

松井蕨森森 从前初始

01

　　将LAPLATA SAND按照前侧2cm厚，里侧5cm厚的样子，倾斜铺在瓶中。

02

　　考虑好千景石究竟摆在哪里才能保持平衡，想好后再挑选石头。

03

　　选定使用哪一块千景石后，首先摆放最大的一块。

小提示

　　这里需要使用两块千景石。另一块在种上了苔藓和草后，摆在第一块的后面，保持两块石头的平衡。

04

放好作为主角的千景石后，用镊子调整Platinum soil powder的位置。

05

调整好Platinum soil powder后用喷雾器向石头和底土喷水，固定整体造型。

小提示

用喷雾器向里喷水可以使Platinum soil powder吸水后固定千景石的位置，并保证斜面上的砂砾不会滑落。

06

从盆栽中取出将要种植的短叶土杉，放置一旁。

种植苔藓·草①

将短叶土杉根部附近多余的叶子剪掉，方便接下来的种植。

小提示

先用镊子夹住土杉的根部，将其插入底土里5cm左右，然后慢慢拔出镊子，注意拔出时不要破坏了底土斜面的形状。

02

用镊子将短叶土杉一株一株仔细地种在土里。

采用同样方法将其他的短叶土杉并排种在瓶子的里侧。

04

将第二块千景石放入
瓶中，注意保持它的平
衡，不要使其左右晃动。
放好后用喷雾器喷水定型。

05

准备3种混合苔藓。

06

用手将苔藓（A）种
在短叶土杉的右侧。

种植苔藓·草②

07

用手将苔藓（B）种在短叶土杉的左侧。

08

在种植苔藓（C）之前要先根据种植的位置来调整它的形状。

小提示

尽量用苔藓铺满缝隙，不要露出底土。

09

将苔藓（C）种在右前方。

10

最后将三角莫丝种在瓶子左前方，不要留下空隙。

11

从正上方观察，如果有空隙露出底土就用小苔藓盖住。

12

最后用喷雾器向整体喷水即可。

小提示

要想养好容器栽培，就要提供充足的湿气，因此需要定期用喷雾器喷水。

1
金发藓

2
大灰藓

3
红棉

bottle layout
瓶子大小：约直径 13cm×13（h）cm

4
color sand
（白色）

5
Dr. Soil

建议
在表面铺一层color sand更能衬托植物。

需要准备的东西

[苔藓、草]
金发藓
大灰藓
红棉

[底土]
Dr. Soil
color sand（白色）

做法
1．将Dr. Soil铺在瓶中。
2．在瓶中种植金发藓、大灰藓。
3．在瓶中种植红棉。
4．将color sand放入瓶中。

瓶子里的神秘苔藓世界

带有盖子的美丽容器最适合用作需要湿气的容器栽培。
将小小的苔藓世界包起来，只要用喷雾器喷点水，就能看到苔藓与植物熠熠生辉地散发着生命的光芒。

要点

带盖子的瓶子可以避免湿气流失，最适合用作容器栽培，1个月不打开盖子也没问题。用喷雾器喷水时，要着重给苔藓补水。另外因为红棉喜好阳光，把它放在阳光充足的地方最好。夏季培育时为了防止瓶子内部闷潮湿热，记得要将盖子打开。

66

名称间一
聚物伯柏蕃生长

做法的要点要
记好！

记住这些小要点，做起水族瓶事半功倍。
下面就让我介绍一下制作的技巧和注意事项吧。

 要点 **1**　沙子　要提前洗净

做底土用的沙子和砂砾需要在使用前就洗干净。像淘米一样淘洗沙子，直至水变清澈。决定好底土的用量后就先反复淘洗吧，而土壤系的底土则正好相反，由于它们会溶在水里，所以不能用水清洗。

 要点 **2**　种植水草　前先添加中和剂

决定好基础布局后，就要向瓶中的水里加入中和剂，以去除自来水里的漂白粉。一旦忘记加入中和剂，水草就会因水里的氯（漂白粉）而变得萎靡虚弱。最好使用提前放置过一天并且用中和剂去除漂白剂的水来养育水草。

要点 **3**　用镊子斜着插入底土中　水草插入底土时

种植水草时，用镊子斜着夹住水草的根部，深深地插入底土3~5cm，再轻轻拔出镊子，防止不小心将水草带出。手和筷子很难将水草种得那么深，且易导致水草因浮力而漂出来，所以最好不要使用。

要点 **4**　使用汤匙的把手部　来做细微调整

向瓶中加入底土时，使用汤匙的把手部比一般的铲子更容易做出细微的调整，而且使用汤匙能精准地将底土铺在某一个位置。只要工具使用得当，就能让水族瓶的制作更轻松。

Part. 3

水草与水中生物
图鉴

水草的种类不同，其培养温度、生长高度、
养殖难度均有所差异。
鱼类等水中生物亦是如此。
本章，我们将为其分门别类，介绍它们各
自的特征。

01 水蕴草
Egeria densa

分布 🞄 北美、日本
高度 🞄 10~30cm
水温 🞄 10~28℃
水质 🞄 弱酸性~弱碱性
光量 🞄 20WX1灯
栽培难度 🞄 简单

原产自北美，但后来归化至日本的河流和湖泊等地。价格便宜，购买方便，并且栽培简单，所以最适合初学者使用。成长速度较快，因此需要经常修剪。

02 水榕
Anubias barteri var. nana

分布 🞄 非洲
高度 🞄 10~20cm
水温 🞄 20~28℃
水质 🞄 弱酸性~弱碱性
光量 🞄 20WX2灯
栽培难度 🞄 简单

作为水草培育入门级的植物，水榕很久以前就广受人们喜爱。不仅生命力强，对环境的适应能力也高，所以管理起来尤为方便。它还可以依附漂流木生长，所以用途十分广泛。

03 黄金小榕
Anubias barteri var. "nana golden"

分布 🞄 非洲
高度 🞄 10~20cm
水温 🞄 20~28℃
水质 🞄 弱酸性~弱碱性
光量 🞄 20WX2灯
栽培难度 🞄 简单

黄金小榕是水榕的改良品种，叶片颜色是更为鲜亮的淡绿色。如此明亮的色彩，放在水中更给人以华丽的感觉。

04 大水榕
Anubias barteri var.barteri

分布 🞄 非洲
高度 🞄 10~20cm
水温 🞄 20~28℃
水质 🞄 弱酸性~弱碱性
光量 🞄 20WX1灯
栽培难度 🞄 简单

作为大型水榕的一种，它适合用作中心植物、后景水草。生长速度缓慢，容易附着苔藓，所以推荐一同养育能吃苔藓的生物，例如虾等。相比土壤系，底土更适合使用大矶砂系。

05 香菇草
Hydrocoty eleucocephala

分布 🌢 南美
高度 🌢 20~30cm
水温 🌢 20~25℃
水质 🌢 弱酸性~弱碱性
光量 🌢 20WX2灯
栽培难度 🌢 简单

是一种生长在湿地和水边的水草，能适应大多水质，顽强且培育简单是它的特点。可调节叶子的长度，因此前景~后景皆可驾驭。但由于其很容易营养不良，所以每次换水都要适当加入液态肥。

06 圆心萍
Limnobium sp.

分布 🌢 南美
高度 🌢 3~5cm
水温 🌢 20~28℃
水质 🌢 弱酸性~中性
光量 🌢 20WX2灯
栽培难度 🌢 普通

一片叶子大概10日元大小，一株圆心萍约有5~8片叶子。多用于开放式的鱼缸，小巧圆润的叶子深受人们喜爱。繁殖能力非常强，因此需要经常修剪。

07 越南水芹
Ceratopteris thalictroides (from Viet Num)

分布 🌢 越南
高度 🌢 20~50cm
水温 🌢 20~28℃
水质 🌢 弱酸性~弱碱性
光量 🌢 20WX2灯
栽培难度 🌢 简单

此款是越南产的基本品种水蕨。生长迅速，扎根也快，因此初期会呈爆发式生长，但长出水面后生长速度即会大幅度降低。基于它属可大型化植物，推荐搭配60cm以上的水槽使用。

08 柳树莫丝
Vesicularia ferriei

分布 🌢 越南
高度 🌢 3~5cm
水温 🌢 20~28℃
水质 🌢 弱酸性~弱碱性
光量 🌢 20WX2灯
栽培难度 🌢 简单

原本十分流行的水草的一种。英文译名中的weeping意为"垂柳"，因此植如其名，要让它的枝叶垂下来养育。由于它养殖简单且易增殖，所以要经常进行修剪。

09 矮柳
Hygrophila sp.

分布 ◍ 亚洲
高度 ◍ 7~10cm
水温 ◍ 20~28℃
水质 ◍ 弱酸性~弱碱性
光量 ◍ 20WX2灯
栽培难度 ◍ 简单

价格适中但外形华丽，所以非常适合初学者使用。由于它是从根部吸收养分，因此将肥料撒在底土上最为合适。而且它需要很多二氧化碳，所以适合同时多养几条鱼。

10 翡翠莫丝
Fontinalis antipyretica

分布 ◍ 亚洲、欧洲、北美、
　　　北非
高度 ◍ 7~30cm
水温 ◍ 18~28℃
水质 ◍ 弱酸性~弱碱性
光量 ◍ 20WX2灯
栽培难度 ◍ 简单

溪苔科植物，可依附石头或漂流木生长，因此能为水族瓶增添不少立体感。生命力顽强，只要水中养分充足即可健康生长。同时添加二氧化碳就能生长得更快，因此推荐搭配鱼或虾一同养育。

11 巴戈草
Bacopa caroliniana

分布 ◍ 北美热带·温带区域
高度 ◍ 7~30cm
水温 ◍ 16~28℃
水质 ◍ 弱酸性~弱碱性
光量 ◍ 20WX2灯
栽培难度 ◍ 简单

养殖起来相对简单的水草。叶子又圆又厚，颜色也呈单一的浓绿色，因此放入水槽中极为惹眼。由于它会扎根吸收养分，因此推荐种在不需要更换位置的地方。

12 美国凤尾苔
Fissidens fontanus

分布 ◍ 北美
高度 ◍ 30~50cm
水温 ◍ 20~25℃
水质 ◍ 弱酸性~中性
光量 ◍ 20WX2或3灯
栽培难度 ◍ 简单

栽培简单并且外观华丽，深绿的叶子给人留下深刻的印象。可依附石头或漂流木而生存，然而一旦水槽里出现了苔藓就极难处理，因此推荐搭配锯齿新米虾一同养育。

13 蛋叶草
Echinodorus osiris

分布 ♦ 南美、巴西
高度 ♦ 20~50cm
水温 ♦ 22~28℃
水质 ♦ 弱酸性~弱碱性
光量 ♦ 20WX2灯
栽培难度 ♦ 简单

因叶脉纹路跟香瓜相似，因此也被称为"香瓜草"。培育十分简单，只要养分充足且能让根深深扎入土内即可。但由于它扎根的速度较慢，因此种好后不要轻易移植。

14 长叶皇冠"深紫"
Echinodorus "Deep Purple"

分布 ♦ 改良品种
高度 ♦ 20~50cm
水温 ♦ 22~28℃
水质 ♦ 弱酸性~弱碱性
光量 ♦ 20WX2灯
栽培难度 ♦ 简单

新芽是红色的美丽水草，因此艳丽的颜色使得它能成为当之无愧的水槽主角，推荐将它布置在水族瓶的中间位置。底土可使用soil powder，它会自行长出匍匐茎。

15 针叶皇冠
Echinodorus tenellus

分布 ♦ 北美、南美
高度 ♦ 10~15cm
水温 ♦ 18~28℃
水质 ♦ 弱酸性~弱碱性
光量 ♦ 20WX2灯
栽培难度 ♦ 简单

泽泻科植物中最小的一种。栽培简单，生命力顽强，易繁殖是它的优势所在。一旦成活就能长出匍匐茎来进行繁殖，需要注意的是，如果肥料过少，它的叶子就会变成黄绿色。

16 三裂天胡荽
Hydrocotyle Tripartita

分布 ♦ 澳大利亚
高度 ♦ 5~10cm
水温 ♦ 22~28℃
水质 ♦ 弱酸性~弱碱性
光量 ♦ 20WX2灯
栽培难度 ♦ 简单

栽培容易且生长速度较快，因此需要适时地修剪。只要叶子长出1cm左右就能营造出茂密的感觉，最适合用作前景~中景。

17 绿宫廷
Rotara rotundifolia

分布 🌢 亚洲
高度 🌢 20~50cm
水温 🌢 20~28℃
水质 🌢 弱酸性~弱碱性
光量 🌢 20WX2灯
栽培难度 🌢 普通

绿宫廷丛生的样子深受一些人喜欢。由于其栽培较为简单，生长速度也快，因此需要经常修剪来保持形状。使用土壤系的底土即可。

18 绿温蒂椒草
Cryptocoryne wendtii green form

分布 🌢 东南亚
高度 🌢 10~20cm
水温 🌢 20~25℃
水质 🌢 弱酸性~中性
光量 🌢 20WX2灯
栽培难度 🌢 简单

分布于东南亚，叶子呈鲜亮的淡绿色。草身浑然一体且美丽，再加上它栽培简单，因此是种很受欢迎的水椒草。它并不会长得过大，所以种植简单，很适合初学者使用。

19 咖啡温蒂
Cryptocoryne wendtii brown form

分布 🌢 东南亚
高度 🌢 15~20cm
水温 🌢 20~25℃
水质 🌢 弱酸性~中性
光量 🌢 20WX2灯
栽培难度 🌢 简单

茶褐色的长心型叶子边缘呈波浪状，栽培条件略微苛刻了一点，但随着生长，它的叶子会越长越宽。水椒草栽培起来很简单，所以放在背阴的地方也没关系。

20 深绿温蒂
Cryptocoryne wendtii real green form

分布 🌢 东南亚
高度 🌢 10~20cm
水温 🌢 20~25℃
水质 🌢 弱酸性~中性
光量 🌢 20WX2灯
栽培难度 🌢 简单

颜色比绿温蒂椒草更鲜艳明亮，只要条件适合，叶片就会长大。群生可营造东南亚的水景氛围，活用鲜艳的颜色可为鱼缸添彩。

21 绿波浪椒草
Cryptocoryne undulata green

分布 🔹 东南亚
高度 🔹 10~20cm
水温 🔹 20~25℃
水质 🔹 弱酸性~中性
光量 🔹 20WX2灯
栽培难度 🔹 简单

是能忍耐水温、水质、光线等不良条件的坚强水草。从根部长出5~10片叶子，叶子边缘呈细微的波浪状，在水中颜色更为鲜艳。不论是做水族瓶的主角还是配角都十分适合。

22 红亚希椒草
Cryptocoryne undulata red

分布 🔹 东南亚
高度 🔹 10~20cm
水温 🔹 20~25℃
水质 🔹 弱酸性~中性
光量 🔹 20WX2灯
栽培难度 🔹 简单

与颜色鲜亮翠绿的绿波浪椒草相比，红亚希椒草呈红褐色。但它的叶边也有细小的波浪，所以种在其他翠绿的水草中当做衬托也是不错的选择。

23 咖啡椒草
Cryptocoryne petchii

分布 🔹 东南亚
高度 🔹 10~15cm
水温 🔹 20~25℃
水质 🔹 中性
光量 🔹 20WX2灯
栽培难度 🔹 简单

叶子细长的美丽水椒草，可以忍受轻微的硬水和低温，同时受光的强弱影响较小，所以非常适合初学者使用。但它唯一无法忍受水质的突变，因此一定要特别注意水质的问题。

24 南美叉柱花
Staurogyne repens

分布 🔹 巴西
高度 🔹 5~10cm
水温 🔹 22~28℃
水质 🔹 中性
光量 🔹 20WX3灯
栽培难度 🔹 普通

就算拼命生长也不会超过10cm，喜好阳光的水草。由于其颜色明亮翠绿，并且单片叶子大，非常适合当做水族瓶的主角来栽培。因为它非常喜欢阳光，所以要特别注意放置的地点。

25 锡兰柳叶红蝴蝶
Rotara rotundifolia

分布 ◊ 亚洲
高度 ◊ 20~50cm
水温 ◊ 20~28℃
水质 ◊ 弱酸性~弱碱性
光量 ◊ 20WX2灯
栽培难度 ◊ 简单

相比绿宫廷，锡兰柳叶红蝴蝶的茎要细得多，具有别样的纤细美感，群生颇为壮观。栽培简单因而适合初学者使用。生长速度很快，所以需要定期修剪。

26 红水兰
Vallisneria neotropicalis

分布 ◊ 改良品种
高度 ◊ 20~60cm
水温 ◊ 18~28℃
水质 ◊ 弱酸性~弱碱性
光量 ◊ 20WX2灯
栽培难度 ◊ 简单

带有红褐色斑点的红水兰生长速度很快，甚至可以超过50cm，盖住水面，因此需要定期修剪。在少量的阳光下也能生长，所以栽培起来很简单。

27 荷莲豆草
Drymaria cordata

分布 ◊ 东南亚
高度 ◊ 20~50cm
水温 ◊ 20~28℃
水质 ◊ 弱酸性~弱碱性
光量 ◊ 20WX2灯
栽培难度 ◊ 简单

荷莲豆草的自然生长地为水边和湿地，但同时它也能很好地适应水中的生活。叶子呈明亮的淡绿色，可长成长1cm，宽5mm的圆润模样。生长速度很快，短时间内就可长出水面。

28 红丝青叶
Hygrophila polysperma var.

分布 ◊ 改良品种
高度 ◊ 20~50cm
水温 ◊ 20~28℃
水质 ◊ 弱酸性~弱碱性
光量 ◊ 20WX2灯
栽培难度 ◊ 简单

红丝青叶的叶子上有很明显的粉色斑点，一旦铁元素不足，红色就会变淡，需要调整液态肥的量。这是一种生命力顽强的水草，栽培本身很简单。

29 青叶草
Hygrophila polysperma

分布 🌢 印度
高度 🌢 20~50cm
水温 🌢 20~28℃
水质 🌢 弱酸性~弱碱性
光量 🌢 20WX2灯
栽培难度 🌢 简单

这是一种颇受人们欢迎的水草，在任何一家鱼缸店都可购买。生命力顽强又易栽培，推荐新手种植。叶子呈珍珠绿或带点茶色的绿，生长速度很快，需要定期修剪。

30 羽裂水蓑衣
Hygrophila pinnatifida

分布 🌢 印度
高度 🌢 20~50cm
水温 🌢 20~28℃
水质 🌢 弱酸性~弱碱性
光量 🌢 20WX2灯
栽培难度 🌢 简单

与其他的水蓑衣属植物一样，生命力顽强且栽培难度低。叶子呈锯齿状，属于活力型有茎水草，可以依附漂流木或石头等生长。如果种在底土上，生长速度会更快。

31 假马齿苋
Bacopa monnieri

分布 🌢 东南亚
高度 🌢 20~50cm
水温 🌢 20~28℃
水质 🌢 弱酸性~弱碱性
光量 🌢 20WX2灯
栽培难度 🌢 简单

生长在湿地、低地、水田等地的水草。绿色浓厚、呈小椭圆形状的叶子和生长缓慢的茎是它的特点。虽然能长出水面，但由于生长速度非常缓慢，所以无需修剪。

32 香蕉草
Nymphaea aquatica

分布 🌢 北美
高度 🌢 10~20cm
水温 🌢 18~28℃
水质 🌢 弱酸性~中性
光量 🌢 20WX2灯
栽培难度 🌢 普通

叶子是有长柄的圆形，但真正令人称奇的还是它的根部。正如它的名字一样，根部储存养分的殖芽神似香蕉。虽然是浮叶性水草，也可以在水中养殖。

33 虎斑水兰
Vallisneria nana

分布 💧 澳大利亚
高度 💧 30~40cm
水温 💧 20~28℃
水质 💧 弱酸性~弱碱性
光量 💧 20WX2灯
栽培难度 💧 普通

虎斑水兰细长的叶子可随着水波漂荡。虽然生长速度快需要定期修剪，但因其生命力顽强依然很适合新手种植。宛如细带的水草非常受大家的欢迎，你也一定要尝试一下。

34 浮叶小水兰
Sagittaria sublata var.

分布 💧 北美
高度 💧 10~15cm
水温 💧 20~28℃
水质 💧 弱酸性~弱碱性
光量 💧 20WX2灯
栽培难度 💧 简单

需要的光少，可适应的水质多，因此栽培起来非常简单。也正如它的名字"小水兰"，此款水草十分娇小，可以说是最适合水族瓶的一种水草。叶子前端会越长越宽。

35 矮柳
Hygrophila sp.

分布 💧 印度
高度 💧 20~60cm
水温 💧 20~28℃
水质 💧 弱酸性~弱碱性
光量 💧 20WX3灯
栽培难度 💧 普通

茶色叶子的水蓑衣属水草，只要摄入充足的阳光，叶子表面即可变得凹凸不平质感十足，是十分珍稀的品种。另外由于它的叶子很大，1片能长至15~20cm，所以不适合在较小的环境中养殖。

36 簧藻
Blyxa novoguineensis

高度 💧 20~30cm
水温 💧 20~28℃
水质 💧 弱酸性~中性
光量 💧 20WX3灯
栽培难度 💧 普通

叶子呈轻薄的细带状水草，喜欢强烈的阳光，但也可以在阳光较少的条件下栽培。呈美丽的淡绿色，整体高度较低，因此推荐大片种植，可以营造草原的感觉，同样也适合设计布局后种植。

78

37　无尾水筛
Blyxa aubertii

分布 🌢 亚洲
高度 🌢 20~50cm
水温 🌢 22~28℃
水质 🌢 酸性~弱酸性
光量 🌢 20WX3灯
栽培难度 🌢 普通

长度比簧藻要高，如果栽培时能保持多光多二氧化碳的环境，它的叶子会慢慢变红。虽然外观简单，但最能体现水的清凉感。

38　牛毛毡
Eleocharis acicularis

分布 🌢 世界各地
高度 🌢 3~6cm
水温 🌢 15~28℃
水质 🌢 弱酸性~弱碱性
光量 🌢 20WX2灯
栽培难度 🌢 简单

在日本及世界各地的水田、池沼都能发现的群生植物。特点是叶子细长，能如地毯一样铺满水族瓶，因此很有人气。由于长度较低，所以最适合用来装点水族瓶。

39　千羽百叶
Pogostemon sp.

分布 🌢 老挝
高度 🌢 20~50cm
水温 🌢 20~28℃
水质 🌢 弱酸性~弱碱性
光量 🌢 20WX2灯
栽培难度 🌢 普通

是种叶子翠绿细长，生长也非常缓慢的美丽水草。在高光条件下，叶子会长到10~15cm，所以并不适合小瓶养育。栽培条件并非十分苛刻，因此可以放心养育。

40　印度大松尾
Pogostemon erectus

分布 🌢 南亚
高度 🌢 20~40cm
水温 🌢 20~28℃
水质 🌢 弱酸性~弱碱性
光量 🌢 20WX3灯
栽培难度 🌢 普通

印度大松尾的茎上长有3mm长、针一样的细叶子。群生种植的大片淡绿的叶子给人以清爽感。一根茎上会分出许多枝权生长。

41 金鱼藻
Ceratophyllum demersum

分布 ◊ 世界各地
高度 ◊ 20~60cm
水温 ◊ 16~28℃
水质 ◊ 弱酸性~弱碱性
光量 ◊ 20W×1本
栽培难度 ◊ 简单

这是一种遍布日本全国湖沼、蓄水池、水渠等地的水草，只要是水流缓慢的地方，它都能漂浮生长。因为叶子像松树叶一般纤细，也可以称为细草。即使照射光少也没关系，是初学者也能轻松驾驭的水草。

42 绿松尾
Mayaka fluviatilis

分布 ◊ 北美、中南美、非洲
高度 ◊ 20~60cm
水温 ◊ 22~28℃
水质 ◊ 弱酸性~中性
光量 ◊ 20WX3灯
栽培难度 ◊ 普通

绿松尾是种叶子呈独特蓬松毛状线形的淡绿色水草。喜欢阳光，因此需要注意它的摆放位置。即使叶子长出水面也不会变成水上叶，所以无需修剪。

43 球藻
Aegagropila linnaei

分布 ◊ 日本、东亚、东欧
高度 ◊ 1~4cm
水温 ◊ 10~26℃
水质 ◊ 弱酸性~弱碱性
光量 ◊ 20WX1灯
栽培难度 ◊ 简单

球藻是一种圆球状的水藻，放在鱼缸里能给人别样的可爱萌感。虽然可以用低光养育，但它很不耐夏季的高温，所以要注意。值得一提的是，北海道阿寒湖的球藻是天然纪念物哦。

44 铁皇冠
Anakarisu

分布 ◊ 东南亚
高度 ◊ 10~30cm
水温 ◊ 22~28℃
水质 ◊ 弱酸性~弱碱性
光量 ◊ 20WX2灯
栽培难度 ◊ 简单

生命力顽强、耐少光、无需添加二氧化碳，因此即便是新手也能轻松养育铁皇冠。种进底土里，或者附着在石头漂流木上都能成活，用途非常广泛。

45 鹿角铁皇冠
Microsorium pteropus "windorove"

分布 🜄 改良品种
高度 🜄 20~50cm
水温 🜄 20~28℃
水质 🜄 弱酸性~弱碱性
光量 🜄 20W×2本
栽培难度 🜄 简单

鹿角铁皇冠的叶子前端会延伸出2~3股小叶子，而这种前端如手掌般的独特形状成为它的亮点。与铁皇冠一样可以依附石头或漂流木而活。

46 绿狐尾藻
Myriophyllum elatinoides

分布 🜄 南美
高度 🜄 20~50cm
水温 🜄 20~28℃
水质 🜄 弱酸性~弱碱性
光量 🜄 20WX3灯
栽培难度 🜄 普通

绿狐尾藻的生长速度很快，纤细的叶子是它深受欢迎的原因。独特的叶形宛如羽毛，能营造出柔软温和的氛围。除了喜好强光以外，没有什么特别复杂的栽培难点。

47 雪花羽毛
Myriophyllum mattogrossense

分布 🜄 南美
高度 🜄 20~50cm
水温 🜄 20~26℃
水质 🜄 弱酸性~弱碱性
光量 🜄 20WX2灯
栽培难度 🜄 简单

雪花羽毛是种栽培较简单、生长迅速的水草。虽然叶子同绿狐尾藻一样呈羽毛状，但数量较少，因此密集感较低。

48 鹿角苔
Riccia fluitans

分布 🜄 东南亚、日本
高度 🜄 2~5cm
水温 🜄 18~28℃
水质 🜄 弱酸性~弱碱性
光量 🜄 20WX3灯
栽培难度 🜄 普通

作为拥有鲜亮叶子的苔藓，虽然鹿角苔是漂浮植物，但放入鱼缸栽培时，大多数人都会选择让它沉到水底。一般会选用天蚕丝等线将它绑在石头、漂流木、翡翠莫丝等物体上面使其沉底。

49 云端
Rotala sp

分布 ◊ 东南亚
高度 ◊ 20~50cm
水温 ◊ 20~28℃
水质 ◊ 弱酸性~中性
光量 ◊ 20WX2灯
栽培难度 ◊ 普通

属于人气急速上升的的红色系节节菜属植物，是节节菜属植物当中唯一拥有艳红色的植物。能适应大多数水质，所以栽培较为简单。另外加入二氧化碳能让它的颜色更艳丽。

50 瓦亚纳德宫廷草
（ Rotala sp. Wayanad [8] ）
Rotala sp.

分布 ◊ 印度
高度 ◊ 20~50cm
水温 ◊ 20~28℃
水质 ◊ 弱酸性~中性
光量 ◊ 20WX3灯
栽培难度 ◊ 普通

与其他的节节菜属植物相比，它的叶子要小一圈。给予强光和适当的肥料，叶子会从黄绿色渐变为橙色。生长速度也比其他的节节菜属植物要慢。

*8: 节节菜属植物的一种，国内无译名，因产自印度瓦亚纳德（Wayanad）固暂以此命名。

51 印度小圆叶
Rotala indica

分布 ◊ 东南亚、日本
高度 ◊ 20~50cm
水温 ◊ 20~28℃
水质 ◊ 弱酸性~弱碱性
光量 ◊ 20WX3灯
栽培难度 ◊ 简单

印度小圆叶的叶子细长纤小，颜色为红茶色，是鱼缸中的人气水草。日本全国的水田里都能见到，栽培简单，十分推荐。

52 小百叶
Rotala nanjean

分布 ◊ 东南亚
高度 ◊ 20~50cm
水温 ◊ 20~28℃
水质 ◊ 弱酸性~弱碱性
光量 ◊ 20W × 2本
栽培难度 ◊ 简单

小百叶能适应大多数的水质，栽培简单。叶子细小密集，一口气种上20枝就能打造瑰丽的水景。外表看上去很朴素，但能跟其他水草很好的搭配。

53 红蝴蝶
Rotara macrandora

分布 ◊ 印度、中南半岛
高度 ◊ 20~50cm
水温 ◊ 20~28℃
水质 ◊ 弱酸性
光量 ◊ 20WX2灯
栽培难度 ◊ 稍难

这是红色系有茎水草中最受欢迎的一种，别名红叶巴可巴草。绿意中透出浓浓的红，而长雄蕊的红花则是它的特征。作为水中叶十分的柔弱，需要特别小心不要损伤了它。

54 青蝴蝶
Anakarisu

分布 ◊ 印度
高度 ◊ 20~50cm
水温 ◊ 20~28℃
水质 ◊ 弱酸性~中性
光量 ◊ 20WX2灯
栽培难度 ◊ 稍难

栽培青蝴蝶时如果光量变少，就会导致叶子染上浅绿~黄色，而养分丰富光又充足时，叶子又会变为粉色。群生种植会让水景充满活力。

55 红花半边莲
Lobelia cardinalis

分布 ◊ 北美
高度 ◊ 20~50cm
水温 ◊ 20~25℃
水质 ◊ 弱酸性~中性
光量 ◊ 20WX2灯
栽培难度 ◊ 简单

淡绿色的圆叶子我见犹怜，属于水边生长的多年生植物，所受光少也不会因此枯萎，所以栽培本身相对较简单。生长缓慢，一般无需修剪。

01 巧克力娃娃鱼
Carinotetraodon travancoricus

栖息地 🜄 印度、斯里兰卡
身长 🜄 3cm
水温 🜄 22~25℃
水质 🜄 弱酸性~弱碱性
饲养难易度 🜄 简单

这是世界上最小的淡水鱼，因其可爱的外表，近几年大受欢迎。鱼食选择赤虫或线蚯蚓等活饵即可。另外，由于它会噬咬其他种类的鱼的尾鳍，因此单独饲养最为理想，也可以混养。

02 绿莲灯
Paracheirodon simulans

栖息地 🜄 南美
身长 🜄 3cm
水温 🜄 25℃
水质 🜄 弱酸性
饲养难易度 🜄 简单

外表与霓虹脂鲤非常相似，可以称得上是最美丽的热带鱼，特点是身体侧面蓝色的血管稍带些许绿色，与霓虹脂鲤相比，身体下面的红色纹理更淡。

03 红灯管鱼
Hemigrammus erythrozonus

栖息地 🜄 南美
身长 🜄 4cm
水温 🜄 25℃
水质 🜄 弱酸性~中性
饲养难易度 🜄 简单

身体侧面有明显红色血管的可爱热带鱼。性格温和老实，推荐混养。可适应弱酸性~中性的水质，食饵也很多，是饲养起来相对较容易的品种。

04 娃娃鼠
Corydoras habrosus

栖息地 🜄 南美
身长 🜄 3cm
水温 🜄 22~26℃
水质 🜄 弱碱性
饲养难易度 🜄 简单

这是老鼠鱼的代表性小型鱼，与其他较大的老鼠鱼混养时会抢不到鱼饵，所以不推荐混养。如果一定要混养，请选择小扣扣、绿莲灯、孔雀鱼等小型鱼类。

05 白青鳉
Oryzias latipes var.

栖息地 💧 改良品种
身长 💧 3cm
水温 💧 22~26℃
水质 💧 弱碱性
饲养难易度 💧 简单

　　是青鳉的改良品种，拥有雪白优美的外形。同时饲养两条以上时要避免再混养其他种类的鱼。青鳉需要的游动空间较大，因此推荐使用大的容器饲养。

06 筋缟泥鳅
Cobitis

栖息地 💧 日本四国、九州
身长 💧 4~10cm
水温 💧 10~24℃
水质 💧 弱碱性
饲养难易度 💧 简单

　　日本独有的泥鳅种类，身体细长呈圆筒状，整体颜色为乳白色，体侧有褐色的虚线纹路。饲养方法简单，被多数人当做鱼缸清洁工放入鱼缸里吃掉多余的鱼食。

07 德系黄尾礼服
Poecilia reticulata var.

栖息地 💧 改良品种
身长 💧 5cm
水温 💧 18~28℃
水质 💧 中性~弱碱性
饲养难易度 💧 简单

　　孔雀鱼的人气品种，背鳍根部带有鲜艳的黄色，与体侧的深蓝呈现出巨大的反差。这种美丽的热带鱼饲养起来相对较简单，可与脂鲤、鲤鱼、泥鳅等类鱼混养。

08 红青鳉
Oryzias latipes

栖息地 💧 改良品种
身长 💧 3cm
水温 💧 18~24℃
水质 💧 弱碱性
饲养难易度 💧 简单

　　青鳉的改良品种，整体呈可爱的黄色，适应环境能力强，饲养简单。尽量避免与其他种类的鱼混养，另外由于青鳉需要很大的游动空间，因此需要大的容器来饲养。

09 珍珠鲫鱼
Carassius auratus auratus var.

栖息地 ◊ 改良品种
身长 ◊ 10~15cm
水温 ◊ 25~32℃
水质 ◊ 中性~弱碱性
饲养难易度 ◊ 普通

近年来，珍珠鲫掀起了一场金鱼热潮，圆滚滚的肚子、可爱的游姿让它大受欢迎。性情温和稳重，与同种鱼类，甚至低层的小型日本淡水鱼等也能友好共处。

10 搏鱼
Betta

栖息地 ◊ 改良品种
身长 ◊ 7cm
水温 ◊ 23~28℃
水质 ◊ 弱酸性
饲养难易度 ◊ 简单

搏鱼的改良品种，因其多彩的颜色和华丽的外观，而成为非常受欢迎的观赏用热带鱼。雄性鱼之间会出现争斗，所以要避免同性养育。冬天需要使用加热器保持温度。

11 七彩白云山
Tanichthys micagemmae

栖息地 ◊ 越南
身长 ◊ 3~4cm
水温 ◊ 22~27℃
水质 ◊ 弱酸性~弱碱性
饲养难易度 ◊ 简单

产自越南的白云山鱼，生命力顽强又容易饲养，最适合养在水族瓶里。相比一般的白云山鱼，七彩白云山身上的黑线会闪耀出蓝光，游姿富有魅力。冬天需要使用加热器保持温度。

12 大和沼虾
Caridina multidentata

栖息地 ◊ 日本
身长 ◊ 5cm
水温 ◊ 22~27℃
水质 ◊ 中性
饲养难易度 ◊ 简单

栖息在日本的一种小型虾，会吞食水槽里滋生的线状小苔藓，所以在水族瓶里是非常重要的存在。生命力顽强且饲养简单是它的加分点。

13 妖艳红青鳉
Oryzias latipes var.

栖息地 🌢 日本
身长 🌢 3~4cm
水温 🌢 20~26℃
水质 🌢 中性
饲养难易度 🌢 简单

妖艳红青鳉可以称得上青鳉热潮中先驱般的存在。饲养一段时间后，它身体的颜色会越来越接近橙色。可混养与它大小相近的日本淡水鱼、热带鱼。

14 琉球金鱼
Carassius auratus auratus var.

栖息地 🌢 改良品种
身长 🌢 15cm
水温 🌢 25~32℃
水质 🌢 中性~弱碱性
饲养难易度 🌢 普通

从中国到琉球（现在的冲绳县）最后才被引进日本国内的金鱼。身体滚圆，然而尾鳍纤长，在水中恣意游动时别有一番优雅的韵味。是金鱼中生命力顽强，且较好饲养的品种，适合新手养育。

15 红水晶虾
Neocaridina sp.

栖息地 🌢 改良品种
　　　　（原产地中国）
身长 🌢 2cm
水温 🌢 22~27℃
水质 🌢 中性
饲养难易度 🌢 简单

蜜蜂虾的改良品种，红白相间的对比色使其大受欢迎。每只虾身上颜色的鲜艳度和花纹都不一样。饲养简单，容易繁殖，但它的体型娇小，混养时需要注意。

多种多样的
鱼任君挑选

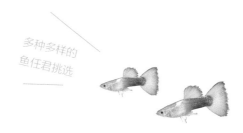

将水族瓶的
乐趣融入生活

简单是水族瓶的一大魅力所在，
将它融入日常生活中，你会发现自己的世界也在慢慢地发生改变。

利用小瓶子
5分钟就能做好

小瓶欢
乐多

大瓶子能种植多种水草固然有趣，但回收利用喝完的牛奶瓶或其他玻璃瓶，种入一枝水草也是其乐无穷。5分钟即可做好的微型鱼缸，用它来装点你的桌子吧。

需要准备的东西

[水草]
假马齿苋

[底土]
白细沙

需要准备的东西

[水草]
香蕉草

[底土]
Dr. soil

装饰在卫
生间内

将水族瓶装饰在

卫生间里也可以

有制作水族瓶的乐趣所在，自然就有观赏它的乐趣。究竟要把做好的小瓶子放在哪里是个值得深思的问题。毕竟水草需要接受一定的光，所以昏暗的地方首先要排除。假如有光照灯，摆在哪里都无所谓。把它摆在卫生间或玄关处如何呢？

bottle aquarium

Part. 4

水族瓶的
保养方法

水族瓶里的鱼和水草，同样需要细心的照
料。平日里的无微不至才能让它们绽放出
本身最迷人的色彩。

保养 01

换水、喂食、清洁

水族瓶需要定期的保养，
在这里我将为大家介绍基础的换水、喂食、清洁的方法。

要想照顾好水族瓶，有三步基础工作要做好——换水、喂食（养鱼时）、清洁。水是水草和鱼的生命之源，要保持一周换一次水，一次换瓶子内一半的水。给鱼投饵大约一周2或3次即可。像水族瓶这样无法安装过滤器的小鱼缸，一旦喂食过多，反而会污染水质，对水草和鱼产生恶劣的影响。清洁一周做一次，当然也可以与换水同时进行。等到玻璃瓶内侧已经有污渍产生时，大家都会懒于动手，那就干脆在污渍产生前就用专用的保养海绵将玻璃瓶内侧擦干净。

每周换一次水，将提前去除漂白粉的水倒入瓶子

水族瓶的换水工作其实很简单，提前一天用矿泉水瓶盛好与水族瓶中等量的自来水，再倒入水族瓶。等矿泉水瓶中的水全部倒出后，水族瓶里也就差不多会溢出原来一半的脏水了。

使用保养海绵清洁玻璃瓶内侧

水草养得越久，玻璃瓶内侧就会产生越多的苔藓繁殖的污渍。等附着在瓶子内侧的苔藓已经肉眼可见时，清洁起来就很费时费力了，倒不如趁它还没有那么脏就赶快清洁干净。用镊子夹住专用的保养海绵擦拭瓶内即可。

不需要两天就喂一次饵

鱼食一周喂2或3次即可。不管最初你认为喂食是一件多么开心的事，慢慢地你就会为因鱼食过多而被污染的水感到忧愁，甚至很有可能导致你的爱鱼死去。鱼食的量参照左边的图片，只要一点点就可以了。

保养 02

放置场所、修整

保养水族瓶，还有一个关键点就是放置场所，
充分考虑水草和鱼的健康后再来挑选地方吧。

大多数的水草都分布在热带地区，喜好强光。但不能一概而论地说所有的水草都喜欢阳光直射的地方。阳光直射的地方也就是温差很大的地方，这对鱼来说可不是什么舒适的环境。因此外飘窗、起居室等温度变化相对较小，且阳光充足的地方才是真正的最佳地点。如果你想长期养育水草，就需要给予它们充足的养分。一般情况下，绿色水草的叶尖呈白色时就代表养分不足。推荐大家使用商店销售的液态肥，不仅购买方便，使用起来也很简单。只要生长环境适宜，水草就会散发出它本身最迷人的颜色。同时大家也可以根据水草的颜色变化来判断它的生长状况。

没有充足的光照，水草就无法充分进行光合作用。不同时饲养鱼时可以将水族瓶放在阳光直射的地方，但毕竟鱼无法承受剧烈的温度变化，因此同时养鱼时最好避开阳光直射的地方，放在房间里明亮的地方即可。

不要放在阳光直射的地方

光照不足时用照明设备补充

光照不足时可以将灯摆在水族瓶上面，自上而下地照射，以此补充光照。但灯不能24小时常开，白天照射6小时左右，夜间使其自然地吸收养分，呼出二氧化碳。这样才是良性循环。

水草长长时就要修剪

一种水草长得过长就会阻碍其他水草的光合作用，因此需要进行修剪。可以根据大叶子就是老叶子的原则，将大叶子从茎部剪干净。也可以将水草整个拔出，把它的下半部分剪掉后再插回底土里，二者任选其一。

Q&A

为了能更好的欣赏水族瓶，请参考以下常见问题和答案。

这时该怎么办?

去旅行时水族瓶怎么办?

如果需要离家旅行3天左右，那么只要在离开之前做好必要的保养就可以了。如果只养了水草那么再多走几天也没问题。如果还有鱼，离开时间超过一周就要考虑请别人帮忙了。

鱼死了怎么办?

有时鱼会因为环境变化而死亡，要在它腐烂污染水质之前将其捞出。通常鱼的死亡是由水质或水温引起的，所以先换水，再考虑怎样保持适宜的水温。

水草渐渐没精神了怎么办?

水草如果萎靡不振，可以考虑是否是光照、养分、二氧化碳等的不足。如果是光照的原因就更改放置地点或加光照灯，养分和二氧化碳的原因就添加液态肥和二氧化碳。

可以同时放入不同种类的鱼混养吗?

混养鱼时，小型鱼总是会处于劣势。因此在混养不同种类的鱼时，要最大限度地保持鱼体型大小一致。另外像水族瓶这样没有过滤器的鱼缸，1L的瓶子最适合只养一条鱼。

冬天有什么要注意的?

此时管理水族瓶的温度最为重要，多数水草和鱼都无法忍受寒冷，因此冬季绝不能将水族瓶放在阴冷的地方。实在无处可移时可以考虑使用专用加热器来保持温度。

用什么样的瓶子
都可以吗?

说起水族瓶的魅力,果然还是非挑选容器的乐趣莫属。可以将矿泉水瓶切一半,用水龙头代替瓶盖,就能自制成可换水的瓶子。用玻璃杯、红酒瓶等身边的小道具都可以随意制作水族瓶。

夏季需要
注意的是?

与冬季一样,夏季也不能忽视炎热的温度。根据放置的地点,夏季也很容易造成温差变化大,因此放置在凉爽的地方最好。要记住,不论是鱼还是水草,一旦温度超过30℃就糟糕了。

有能在背阴处
养育的水草吗?

大多数的水草都是需要阳光的,当然也有完全能在背阴处健康生长的品种。例如铁皇冠、水榕、隐棒花、翡翠莫丝等水草。它们都是可以在昏暗的房间里享受养殖乐趣的水草。

怎样才能让瓶子
内不生苔藓等污渍?

养得越久,瓶子内侧越容易长出苔藓。除了定期清洁外,还可以同时在瓶内养殖田螺,它会吃掉瓶子里的苔藓,是应对苔藓、保持水质的小能手。

水族瓶
可以养多久?

一般水族瓶做好基础的保养工作可以养1个月左右,想长期养殖就需要添加肥料和二氧化碳等物质。当瓶里的水草宛如插花般凋零枯萎时,你就可以继续挑战下一种水族瓶了。

图书在版编目（CIP）数据

　　办公桌边儿上的治愈系水族瓶 /（日）千田义洋主编；
谷雨译. -- 北京：光明日报出版社，2016.4
　　ISBN 978-7-5194-0122-1

　　Ⅰ.①办… Ⅱ.①千… ②谷… Ⅲ.①水族箱 – 基本
知识 ②水生维管束植物 – 观赏园艺 ③观赏鱼类 – 鱼类养殖
Ⅳ.①S965.8 ②S682.32 ③S965.8
　　中国版本图书馆CIP数据核字(2016)第039876号

著作权合同登记号：图字01-2016-1205

CHIISANA YOUKI DE TANOSHIMERU "IYASHI NO SUISOU LAYOUT" BOTTLE
AQUARIUM
© YOSHIHIRO SENDA 2015

Originally published in Japan in 2015 by NITTO SHOIN HONSHA CO.,LTD.,Tokyo.

Simplified Chinese translation rights arranged through DAIKOUSHA INC.,JAPAN.

办公桌边儿上的治愈系水族瓶

主　　编：[日] 千田义洋　　　　　译　者：谷　雨

责任编辑：李　娟　　　　　　　　策　划：多采文化
责任校对：杨晓敏　　　　　　　　装帧设计：水长流文化
责任印制：曹　净

出 版 方：光明日报出版社
地　　址：北京市东城区珠市口东大街5号，100062
电　　话：010-67022197（咨询）　　传　真：010-67078227，67078255
网　　址：http://book.gmw.cn
E - m a i l：gmcbs@gmw.cn　lijuan@gmw.cn
法律顾问：北京德恒律师事务所龚柳方律师

发 行 方：新经典发行有限公司
电　　话：010-62026811　　E- mail：duocaiwenhua2014@163.com

印　　刷：北京艺堂印刷有限公司
本书如有破损、缺页、装订错误，请与本社联系调换

开　　本：710×1000　1/16
字　　数：90千字　　　　　　　　印　张：6
版　　次：2016年5月第1版　　　　印　次：2016年5月第1次印刷
书　　号：ISBN 978-7-5194-0122-1

定　　价：39.80元